Einstern

Mathematik für Grundschulkinder

1

Themenheft 6

Geld und Zeit

Daten, Häufigkeit, Wahrscheinlichkeit

Symmetrie

Erarbeitet von
Roland Bauer
Jutta Maurach

In Zusammenarbeit
mit der
Cornelsen Redaktion
Grundschule

Cornelsen

Einstern 1

Mathematik für Grundschulkinder
Themenheft 6

Geld und Zeit

Daten, Häufigkeit, Wahrscheinlichkeit

Symmetrie

Erarbeitet von: Roland Bauer, Jutta Maurach

Redaktion: Friederike Thomas, Nadine Marx

Layout und technische Umsetzung: Katrin Tengler

Illustration: Yo Rühmer

Umschlaggestaltung: Ulrike Kuhr

- Pflichtseiten
- Wahlseiten
- Handlungshinweis
- ausrechnen, ausführen, wiedergeben
- erkennen, fortsetzen, anwenden
- Lösungswege selbst entwickeln, darstellen, begründen und übertragen
- → Ü Seite 51 Hinweis auf die passende Seite in den Übungssternchen
- Hinweis auf einen Test
- Feld zum Markieren erledigter Aufgaben

www.cornelsen.de

1. Auflage, 1. Druck 2010

Alle Drucke dieser Auflage sind inhaltlich unverändert
und können im Unterricht nebeneinander verwendet werden.

Druck: Druckhaus Berlin-Mitte GmbH

ISBN 978-3-06-082733-6

Inhalt gedruckt auf säurefreiem Papier aus nachhaltiger Forstwirtschaft.

Inhaltsverzeichnis

… und ich helfe dir:

schreiben

malen

vormachen

einkreisen

erkennen

1 Male die Münzen und Scheine mit der richtigen Farbe aus.

1 Bestimme den Wert der Scheine.
Verbinde passende Vorder- und Rückseiten.

5 Euro	5 €	5 Euro	5 €

Geldwerte der Münzen benennen

1 Verbinde passende Vorder- und Rückseiten der Münzen.

2 Bestimme den Wert der Münzen.

1 Cent	1 ct				

1 Zähle das Geld.

5 Euro

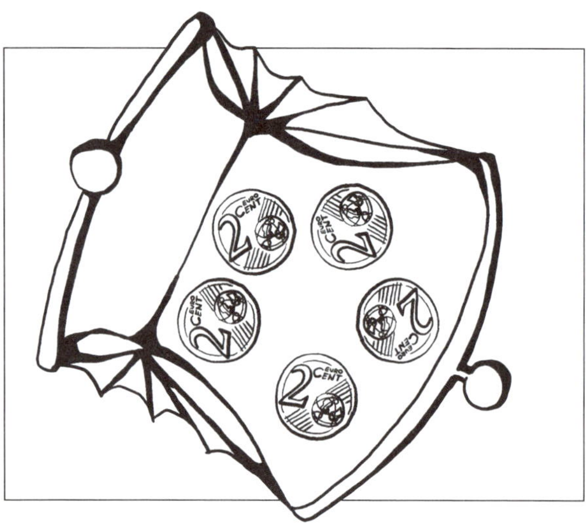

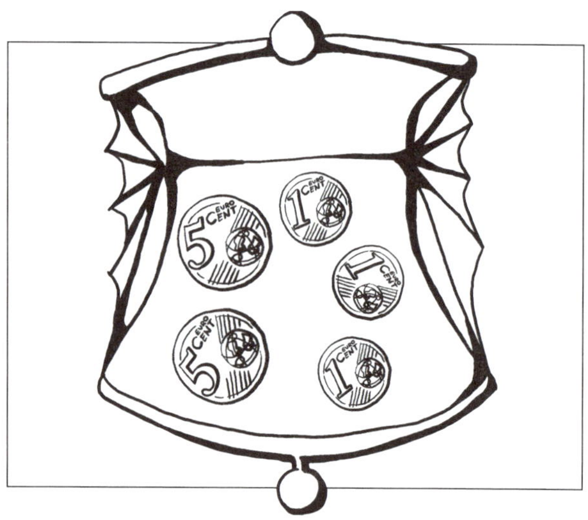

→ Ü Seite 50

1 Lege mit Rechengeld und berechne in jeder Reihe, wie viel Geld ausgegeben wird.

				Betrag in Euro (€)
–	1	2	1	10 €
1	–	2	1	
–	2	1	1	
–	1	3	1	

				Betrag in Cent (ct)
–	1	1	1	8 ct
1	–	2	2	
–	3	1	1	
1	1	1	1	

				Betrag in Cent (ct)
1	–	3	1	
–	2	2	3	
–	3	2	–	
1	1	1	2	

2 Lege mit Rechengeld und berechne in jeder Reihe, wie viel Geld ausgegeben wird.

								Betrag in Euro (€) und Cent (ct)
–	1	1	1	–	1	1	1	8 € 8 ct
1	1	1	1	1	1	–	–	
1	–	–	3	1	–	3	1	
1	–	2	2	1	1	–	1	

1 Zeichne, wie du bezahlst.
Trage den Gesamtpreis ein.

Es kostet
18 Euro.

Es kostet
___ Euro.

Es kostet
___ Euro.

Es kostet
___ Euro.

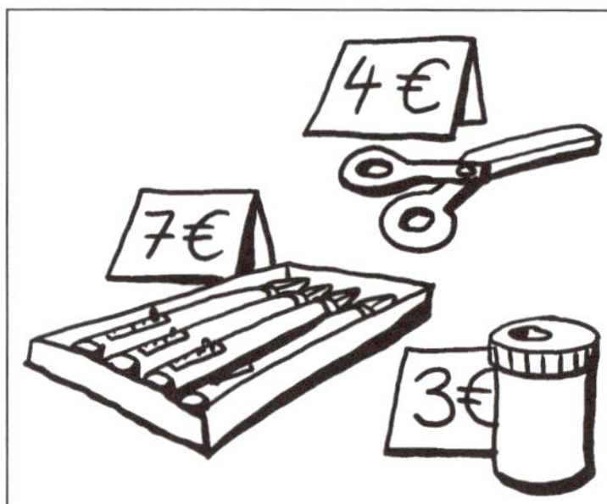

Es kostet
___ Euro.

1 Berechne, was es kostet.

4 € + 2 € = 6 €

___ € + ___ € = ___ €

___ € + ___ € = ___ €

2 Trage den Gesamtpreis ein.

Das kostet:

___ €

___ €

___ €

___ €

→ Ü Seite 51

1 Klebe Rechengeld auf oder zeichne, wie du bezahlen kannst.

Geldbeträge unterschiedlich darstellen

1 Zeichne immer 3 Möglichkeiten, wie es im Sparschwein aussehen kann.

Tom hat 12 Euro.

Maja hat 17 Euro.

Ole hat 15 Euro und 20 Cent.

1 Lege den Betrag mit Rechengeld auf unterschiedliche Arten.
Trage 3 Möglichkeiten in die Tabelle ein.

	10 Euro	5 Euro	2 Euro	1 Euro	50 Cent	20 Cent	10 Cent	5 Cent
18 €	1	1	1	1	–	–	–	–
	–	3	1	1	–	–	–	–
12 €								
2 € 50 ct								
8 € 20 ct								

Mit möglichst wenig Scheinen und Münzen bezahlen

1 Bezahle mit möglichst wenig Scheinen und Münzen.
Lege und zeichne.

7 €

13 €

18 €

4 €

6 € 20 ct

18 € 15 ct

11 € 30 ct

17 € 19 ct

1 Streiche die Scheine und Münzen durch, mit denen du bezahlen musst.
Zähle, wie viel Geld noch übrig ist.

Es bleiben 5 Euro übrig.

Es bleiben ____ Euro übrig.

Es bleiben ____ Euro übrig.

Es bleiben ____ Euro übrig.

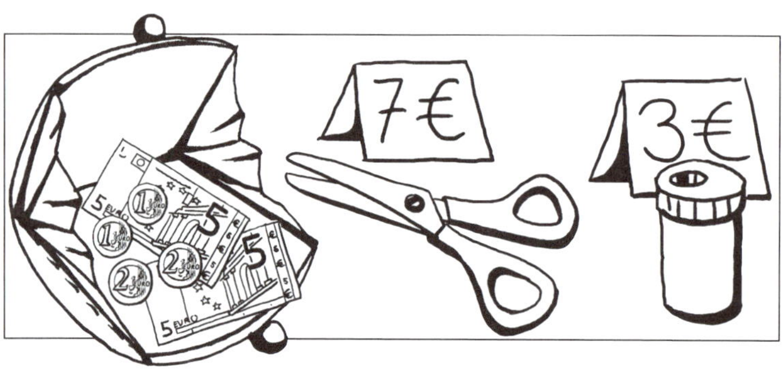

Es bleiben ____ Euro übrig.

1 Fülle die Tabelle aus.

Ich habe:	Ich kaufe:	Kaufpreis:	Restgeld:
10 €		6 €	4 €
15 €			
10 €			
15 €			
20 €			
17 €			
20 €			
20 €			
15 €			
18 €			
19 €			

1 Berechne das Rückgeld.

gegeben: 20 €
zurück: 12 €

gegeben: 10 €
zurück: ______

gegeben: 5 €
zurück: ______

gegeben: 20 €
zurück: ______

gegeben: 20 €
zurück: ______

gegeben: 20 €
zurück: ______

gegeben: 10 €
zurück: ______

gegeben: 5 €
zurück: ______

1 Berechne das Rückgeld.
Schreibe die Rechenaufgabe dazu.

10 € − 6 € = 4 €

zurück: 4 €

€ − € = €

zurück: ____ €

€ − € = €

zurück: ____ €

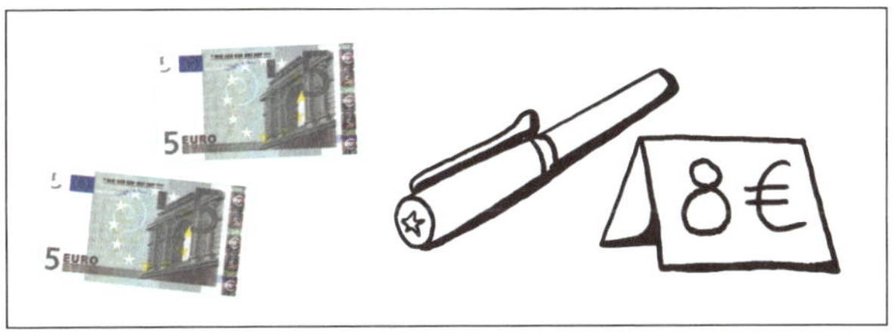

€ − € = €

zurück: ____ €

€ − € = €

zurück: ____ €

€ − € = €

zurück: ____ €

€ − € = €

zurück: ____ €

€ − € = €

zurück: ____ €

→ Ü Seite 52

1 Berechne, was die Kinder bezahlen müssen.

Tim kauft

18 € + 2 € = ___ €

Tim muss ___ € bezahlen.

Sofie kauft

___ € + ___ € = ___ €

Sofie muss ___ € bezahlen.

Lena kauft

___ € + ___ € = ___ €

Lena muss ___ € bezahlen.

Tom kauft

___ € + ___ € = ___ €

Tom muss ___ € bezahlen.

Maja gibt

Maja kauft

___ € − ___ € = ___ €

Maja bekommt ___ € zurück.

Patrick gibt

Patrick kauft

___ € − ___ € = ___ €

Patrick bekommt ___ € zurück.

Rechengeschichten lösen und selbst schreiben

1 Schreibe die Rechnung und die Antwort auf.

Patrick kauft eine Armbanduhr für 6 €, eine Tüte Bonbons für 2 € und ein Spiel für 12 €. Wie viel muss er bezahlen?

Rechnung: ______________________________

Antwort: Er muss __________ bezahlen.

Lena hat 20 €. Sie kauft ein Lineal für 3 €.
Wie viel Geld hat sie noch?

Rechnung: ______________________________

Antwort: Sie hat noch __________ .

Tom kauft Stifte für 5 €. Er gibt dem Verkäufer 20 €.
Wie viel bekommt er zurück?

Rechnung: ______________________________

Antwort: Er bekommt __________ zurück.

Sofie möchte sich Inliner für 17 € kaufen. Sie hat 10 €.
Wie viel muss sie noch sparen?

Rechnung: ______________________________

Antwort: ______________________________

2 Schreibe selbst eine Rechengeschichte mit Rechnung und Antwort.

____

____

____

____

1 Suche dir ein anderes Kind.
Erzählt euch Rechengeschichten und löst sie.

1 Lies die Uhrzeiten ab und trage sie ein.

1 Lies die Uhrzeiten ab und trage sie ein.

Uhrzeiten und Tageszeiten zuordnen

1 Trage die Uhrzeiten ein.

6 Uhr

___ Uhr

___ Uhr

___ Uhr

___ Uhr

___ Uhr

___ Uhr

2 Verbinde passend.

morgens | vormittags | mittags | nachmittags | abends | nachts

7 Uhr | 11 Uhr | 9 Uhr | 17 Uhr | 6 Uhr | 13 Uhr | 15 Uhr | 23 Uhr | 19 Uhr | 1 Uhr | 20 Uhr

1 Lies jeweils beide Uhrzeiten ab und schreibe sie auf.

2 Uhr

14 Uhr

Zeigerstellungen einzeichnen – erste Tageshälfte

1 Zeichne die Zeiger ein.

7 Uhr

2 Uhr

10 Uhr

6 Uhr

4 Uhr

8 Uhr

11 Uhr

9 Uhr

1 Uhr

12 Uhr

3 Uhr

5 Uhr

1 Zeichne die Zeiger ein.

15 Uhr

20 Uhr

16 Uhr

13 Uhr

19 Uhr

21 Uhr

22 Uhr

18 Uhr

14 Uhr

23 Uhr

24 Uhr

17 Uhr

→ Ü Seite 53

1 Lies die Uhrzeiten ab und schreibe sie auf.

Morgen

6 Uhr

Vormittag

Mittag

Nachmittag

Abend

Nacht

2 Schreibe die Uhrzeiten auf.

Abend 20 Uhr

Morgen

Mittag

Nacht

Nachmittag

Morgen

Nacht

Abend

Passende Uhrzeiten und Tätigkeiten bestimmen

1 Überlege, zu welcher Tageshälfte die Tätigkeit passt.
Schreibe die Uhrzeit auf.

21 Uhr

2 Überlege, zu welcher Tageszeit die angegebene Uhrzeit gehört.
Male ein passendes Bild.

7 Uhr

18 Uhr

15 Uhr

22 Uhr

11 Uhr

17 Uhr

1 Lies in der Tabelle ab, was die Kinder trinken.
Male die Flaschen an.

Name	Milch	Kakao	Vanille
Tim		x	
Lena	x		
Anne		x	
Ole			x

2 Trage ein, was die Kinder trinken.

Name	Milch	Kakao	Vanille
Patrick	x		
Maja			
Sofie			
Tom			

Informationen in Tabellen übertragen

1 Trage in der Tabelle ein, wer welches Amt hat.

	*Lena*

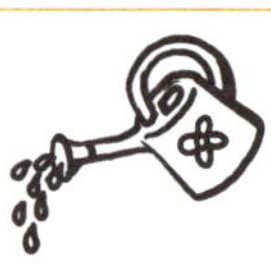	

2 Kreuze an.

	ja	nein
 Anne		×
 Ole		
 Tom		
 Sofie		
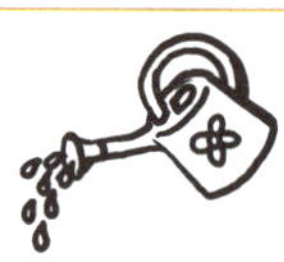 Lena		
 Tim		

Merkmale erkennen, in Strichlisten und Tabellen notieren

1 Zähle und trage in die Tabellen ein.

Mädchen	Jungen
卌 卌 |	
11	

helle Haare	dunkle Haare

Brille	keine Brille

Mütze	keine Mütze

1 Würfle 20 Mal.
Trage deine Ergebnisse in der Tabelle ein.

Würfelbild	⚀	⚁	⚂	⚃	⚄	⚅
Strichliste						
Anzahl						

2 Würfle 20 Mal. Benutze immer 2 Würfel.
Trage deine Ergebnisse in der Tabelle ein.

Würfelbild	⚀	⚁	⚂	⚃	⚄	⚅
Strichliste						
Anzahl						

1 Zeichne, wie sich die 3 Kinder aufstellen können.
Es gibt 6 verschiedene Möglichkeiten.

Unterschiedliche Eistüten zusammenstellen

1 Mit 3 Eissorten kann man
10 verschiedene Eistüten
mit 3 Kugeln zusammenstellen.
Finde diese
und male die Eiskugeln an.

Vanilleeis Erdbeereis Schokoeis

Verschiedene Steckwürfeltürme bauen und zeichnen

1 Baue mit Steckwürfeln verschiedene Türme. Male sie.
Jeder Turm soll aus drei Steckwürfeln bestehen.

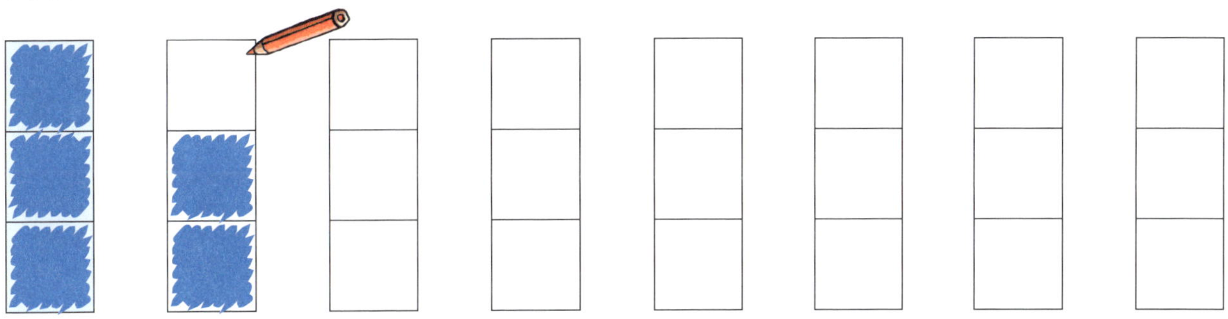

2 Baue mit Steckwürfeln verschiedene Türme. Male sie.
Jeder Turm soll aus 4 Steckwürfeln bestehen.

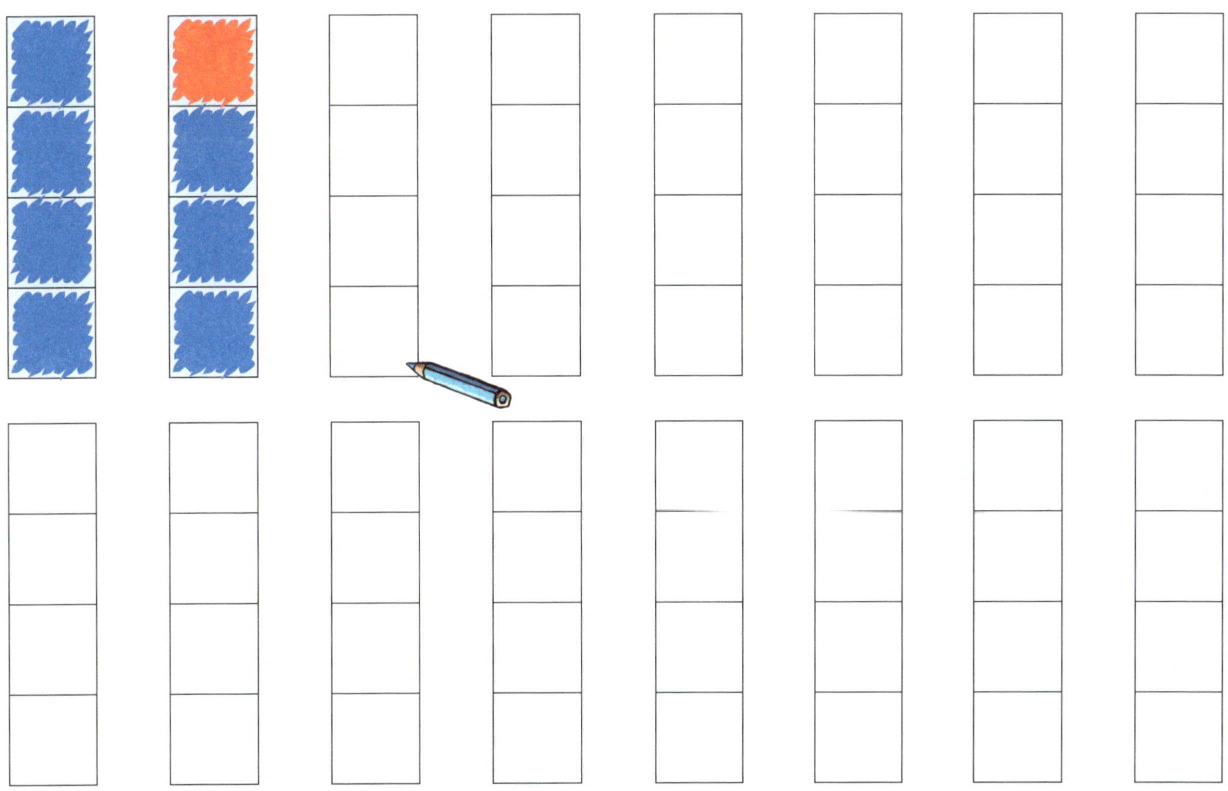

→ Ü Seite 54

1 Notiere alle Würfelpaare, die mit zwei Würfeln entstehen können.

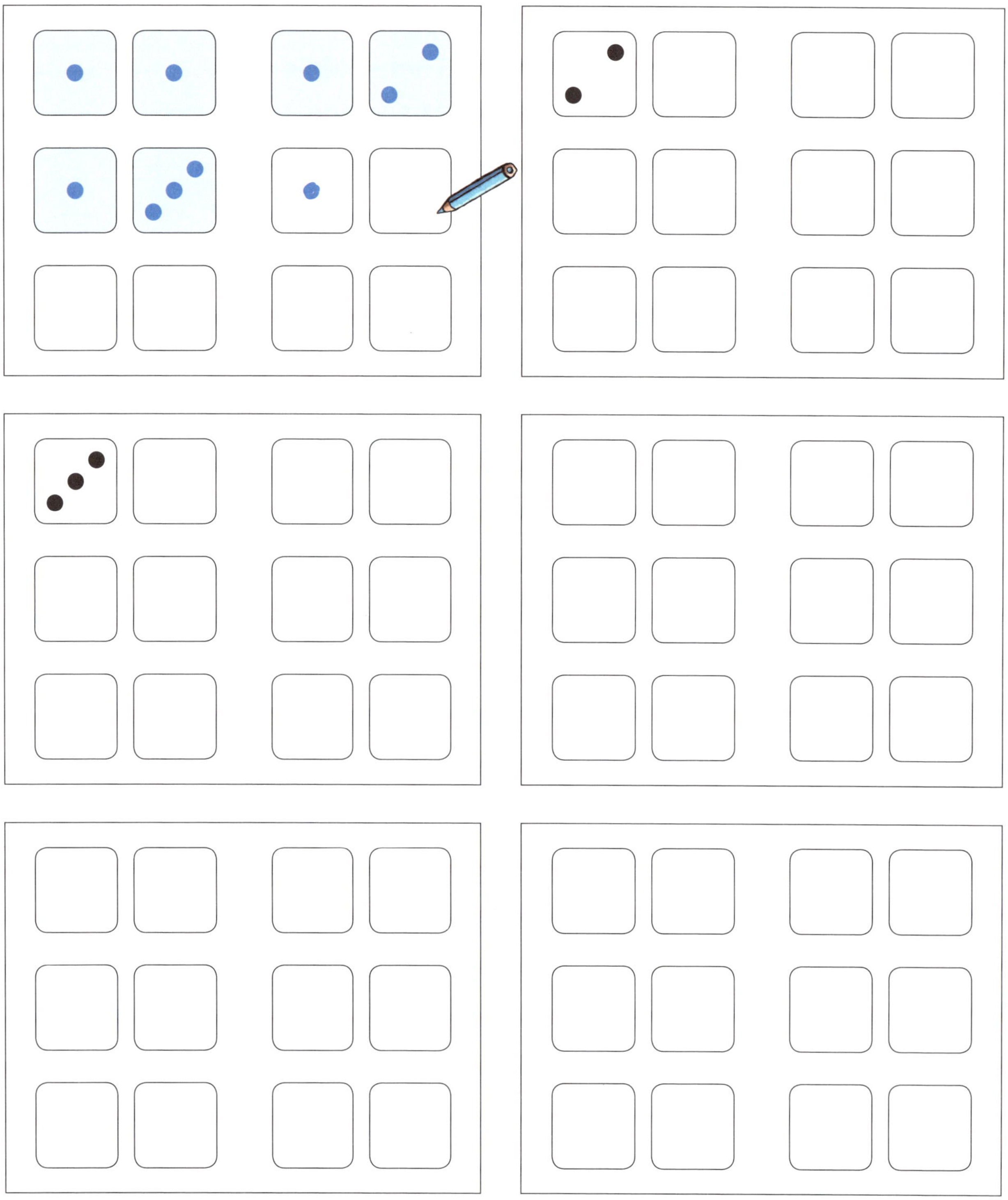

Unterschiede bei ähnlichen Figuren erkennen

1 Erzähle einem anderen Kind, was du entdeckst.

1 Zeichne die Halbierungslinie ein.

Symmetrische Figuren finden

1 Zeichne die Halbierungslinien (Symmetrieachsen) ein.

2 Suche weitere symmetrische Figuren in Zeitschriften,
Katalogen und in deiner Umgebung.
Zeichne oder schneide sie aus. Klebe sie auf.

① Nimm dir ein Blatt Papier und falte es in der Mitte.
Stelle mit deinen Wasserfarben solche Klecksbilder her.

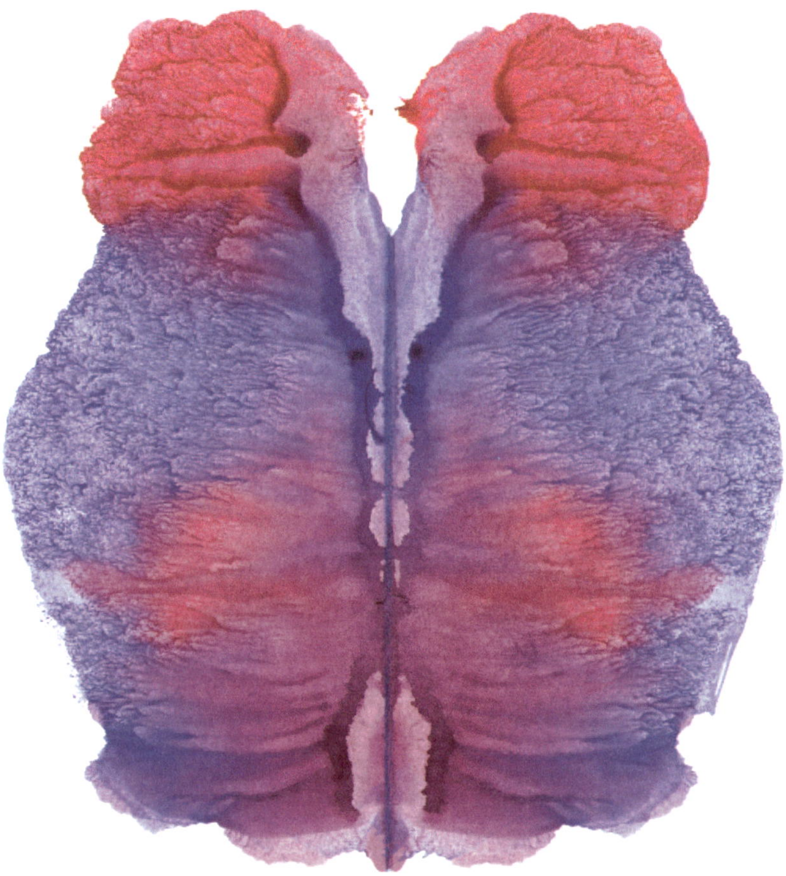

1 Nimm dir ein Blatt Papier und falte es in der Mitte.
Durch Ausschneiden kannst du eine symmetrische Figur herstellen.
Klebe die Figur auf.
Schneide noch andere symmetrische Figuren aus und klebe sie auf.

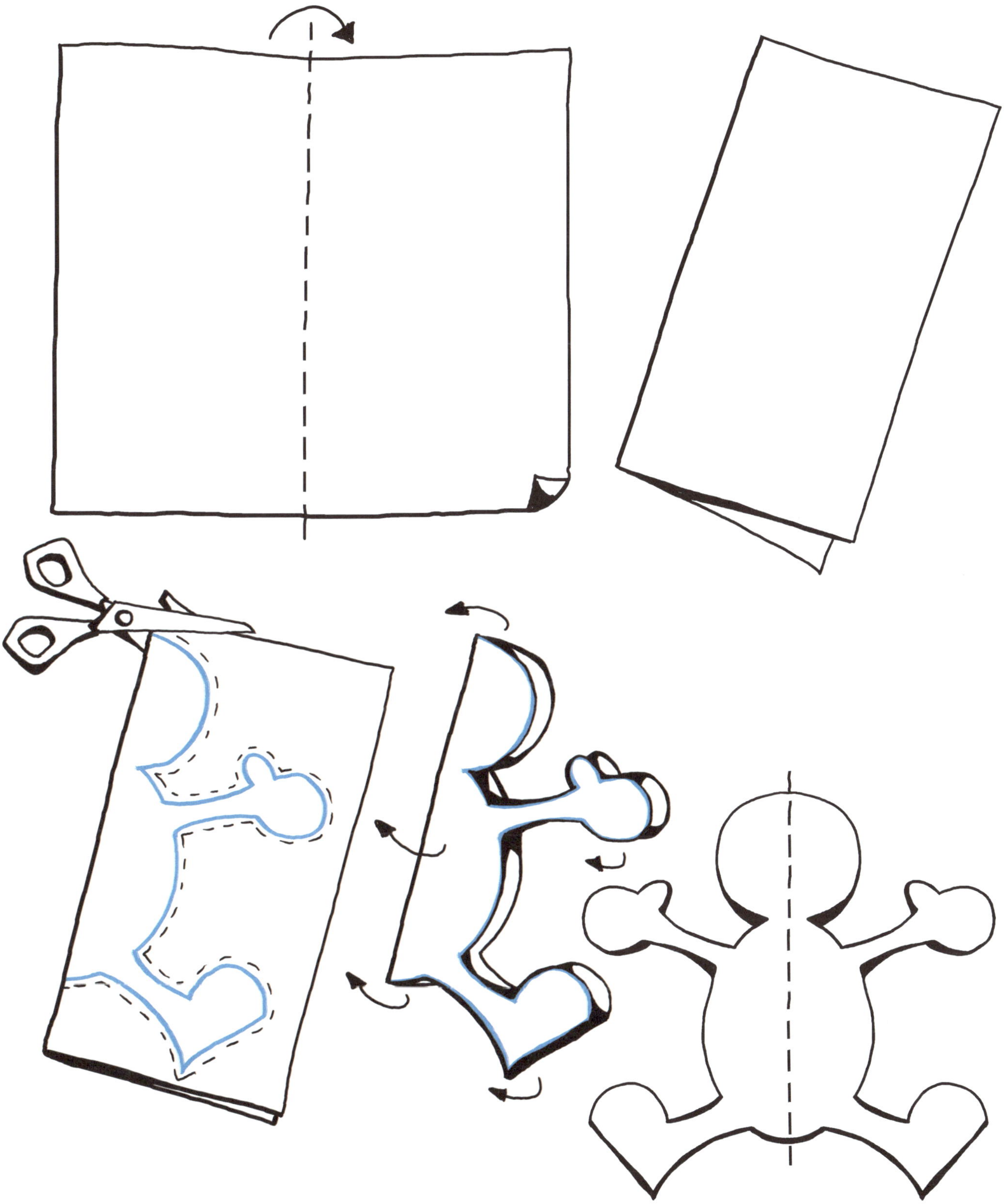

1 Stelle durch Falten und Ausschneiden diese symmetrischen Figuren her.

2 Gestalte Schmuckkarten.

Lochbilder gestalten

1 Nimm ein kleines Blatt Papier und falte es in der Mitte.
Mit Hilfe einer Nadel und einer weichen Unterlage kannst du symmetrische Figuren herstellen.

2 Stelle mehrere symmetrische Figuren her.
Hänge sie am Fenster auf.

Auf kariertem Papier Figuren ergänzen (1)

1 Zeichne die Figuren so weiter, dass sie symmetrisch werden.
Male sie so aus, dass sie symmetrisch bleiben.

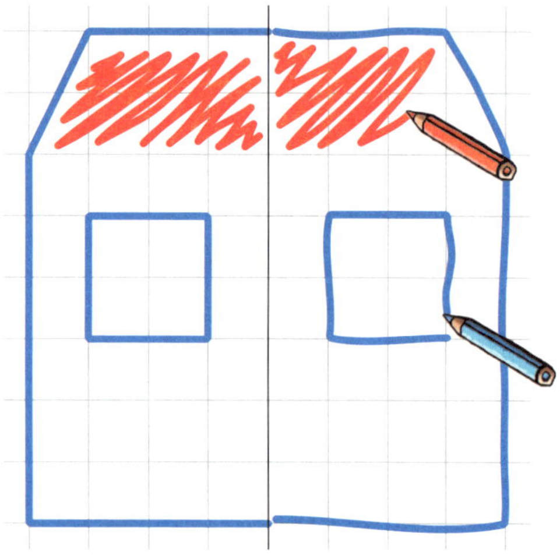

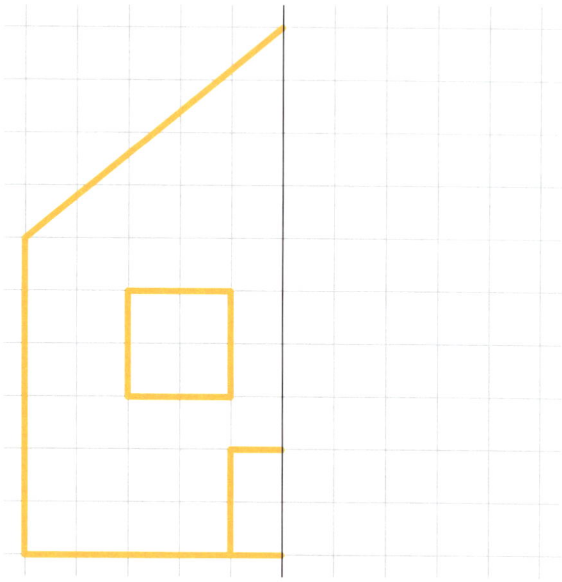

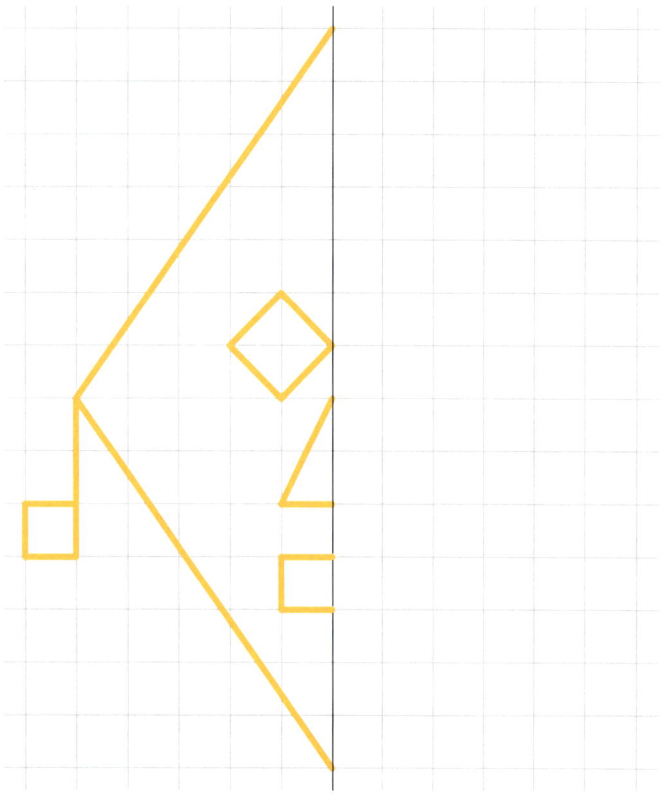

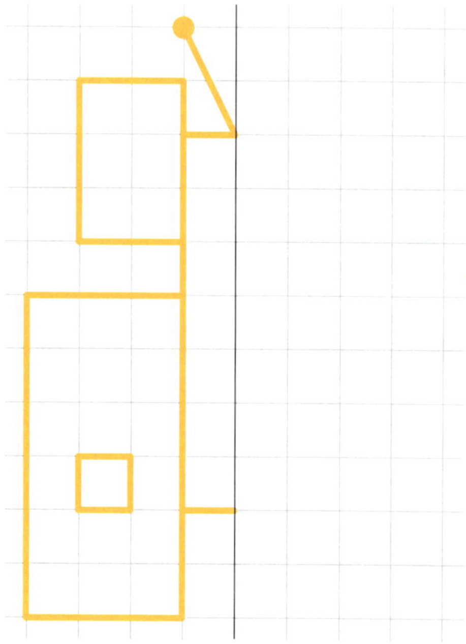

→ Ü Seite 56

Auf kariertem Papier Figuren ergänzen (2)

1 Zeichne die Figuren so weiter, dass sie symmetrisch werden.

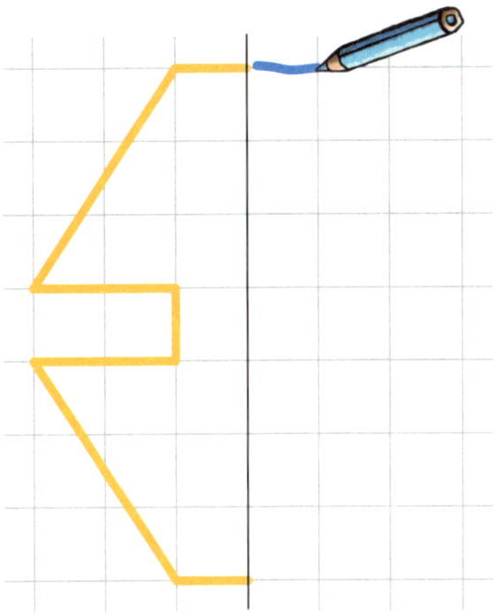

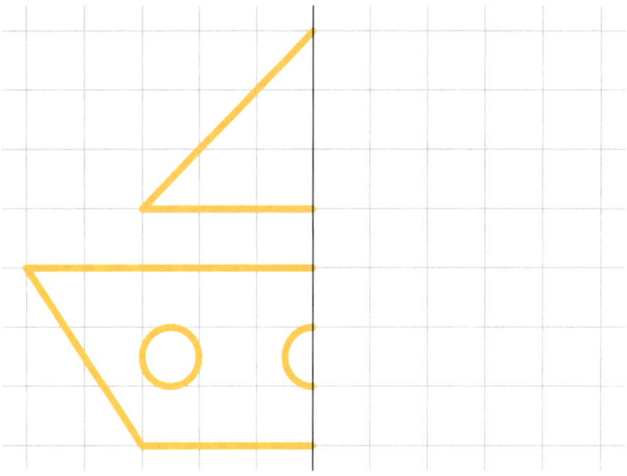

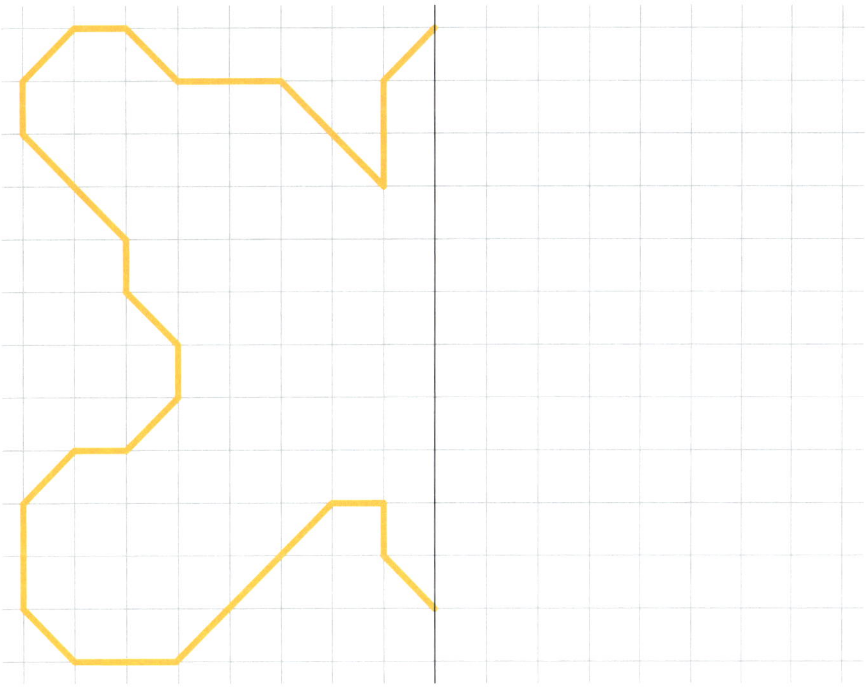

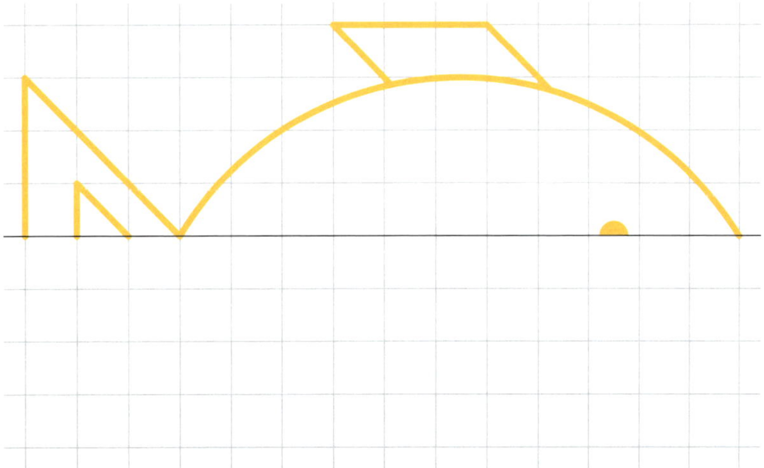

1 Zeichne die Figuren so weiter, dass sie symmetrisch werden.

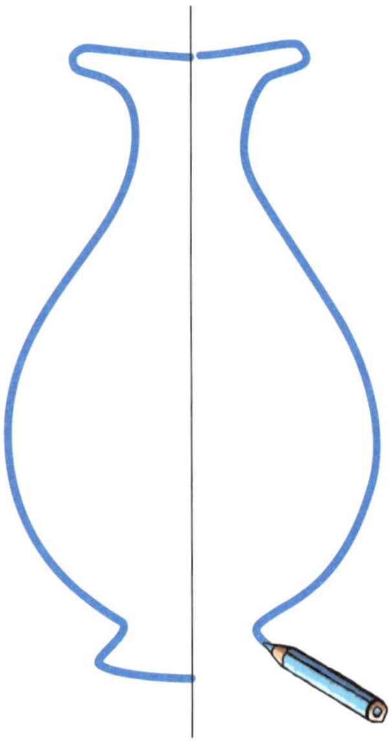

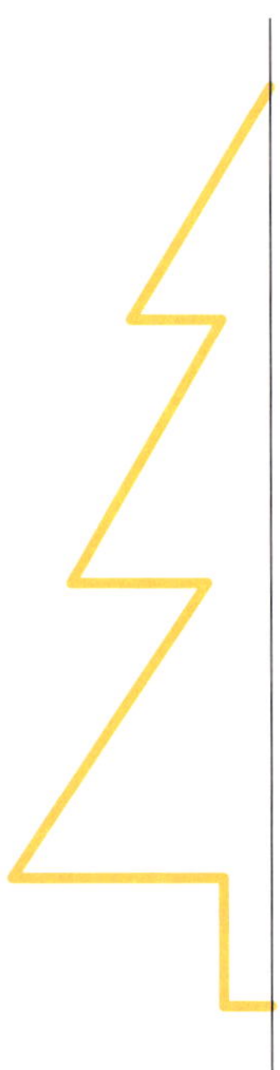

❶ Ergänze beide Seiten so, dass die Gesamtfigur symmetrisch wird.

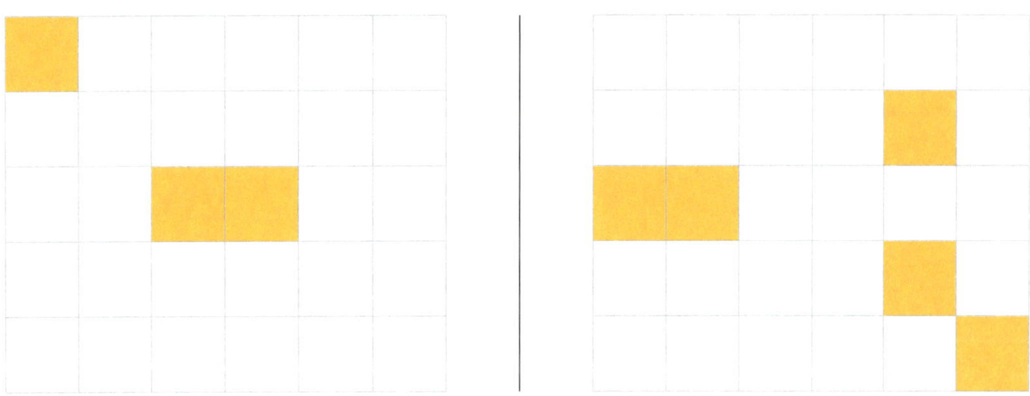

1 Gestalte auf dem Geobrett mit einem Gummi eine symmetrische Figur. Spanne ein anderes Gummi als Symmetrieachse ein.

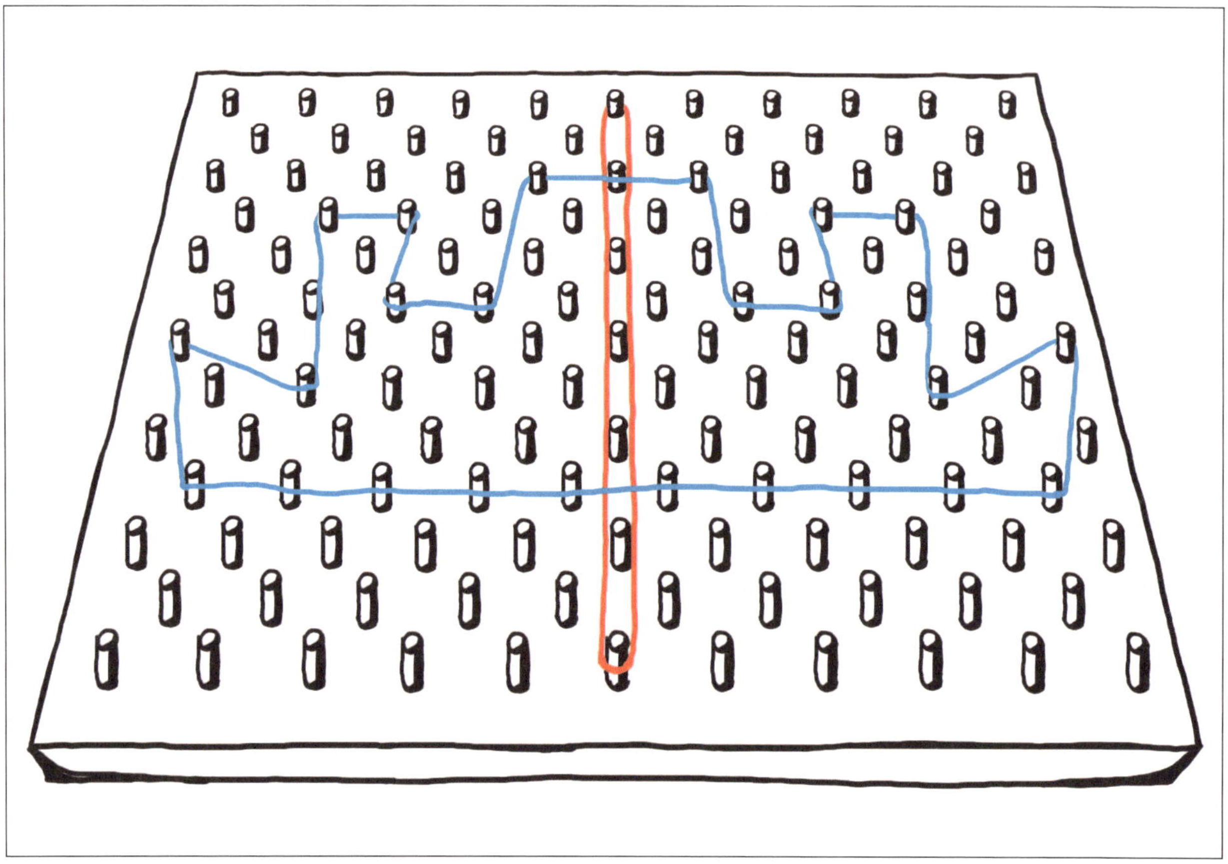

2 Lege mit 2 Hüpfseilen eine symmetrische Figur auf dem Boden. Lege ein weiteres Seil als Symmetrieachse dazu.

Zu zweit malen

1 Suche dir ein anderes Kind.
Zeichne auf einer Seite durch Ausmalen von Kästchen eine Figur.
Dein Partner malt gleichzeitig die andere Hälfte aus,
so dass die Figur symmetrisch wird.

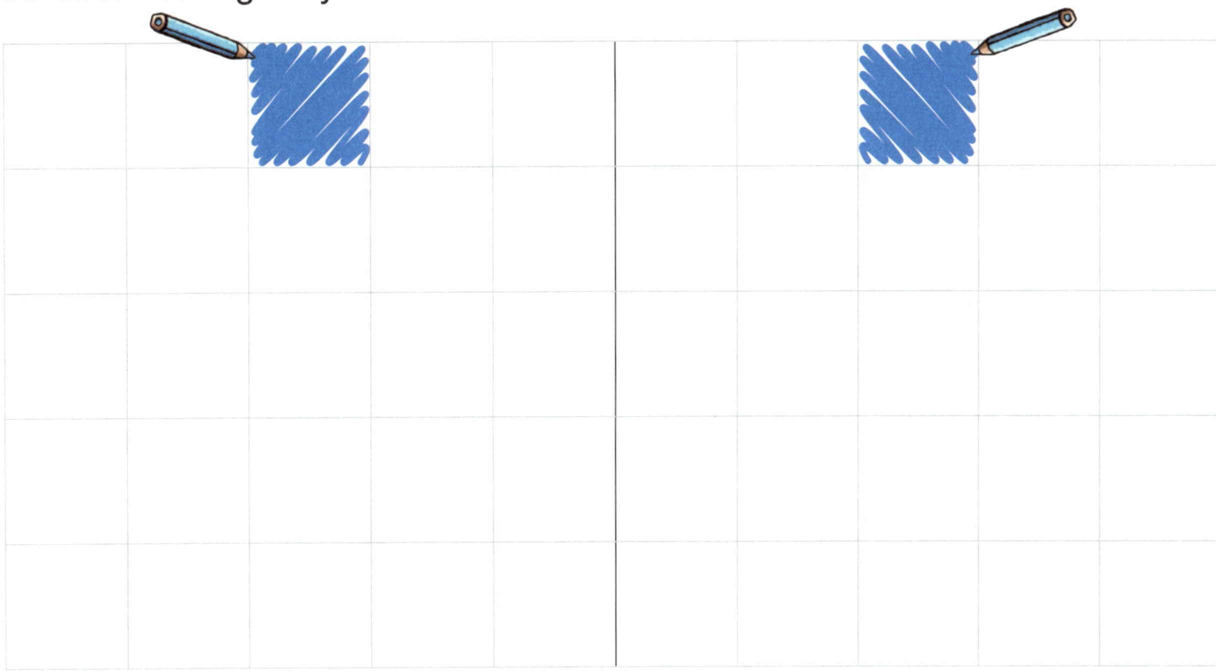

2 Malt zusammen andere symmetrische Figuren.

1 Lege die andere Seite der Figur mit den Formenplättchen so, dass die Gesamtfigur symmetrisch wird.
Umfahre die Formenplättchen mit einem Stift.
Male die Figur so aus, dass sie symmetrisch bleibt.

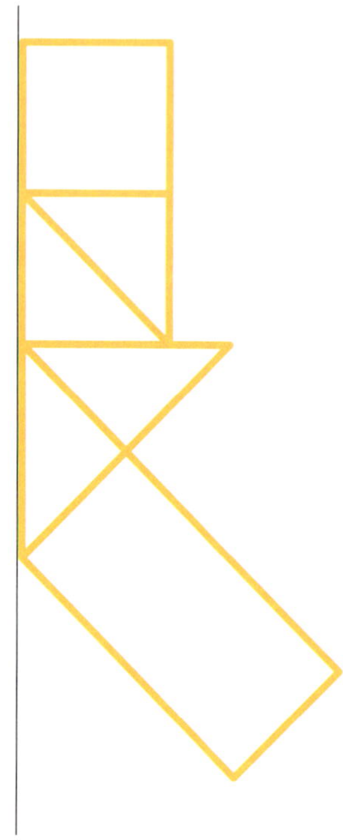

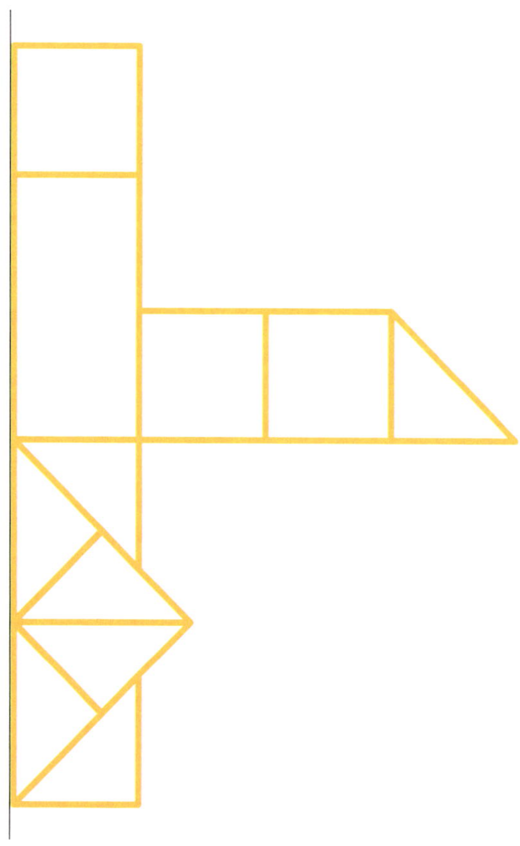

1 Zeichne die Figuren von der Seite 54 auf ein Blatt (durchpausen) und schneide sie aus.
Stelle durch Falten fest, welche Figuren symmetrisch sind.
Kreuze in der Tabelle an.

	symmetrische Figur	keine symmetrische Figur
Figur A	X	
Figur B		
Figur C		
Figur D		
Figur E		
Figur F		
Figur G		
Figur H		
Figur I		

Durch Falten prüfen (2)

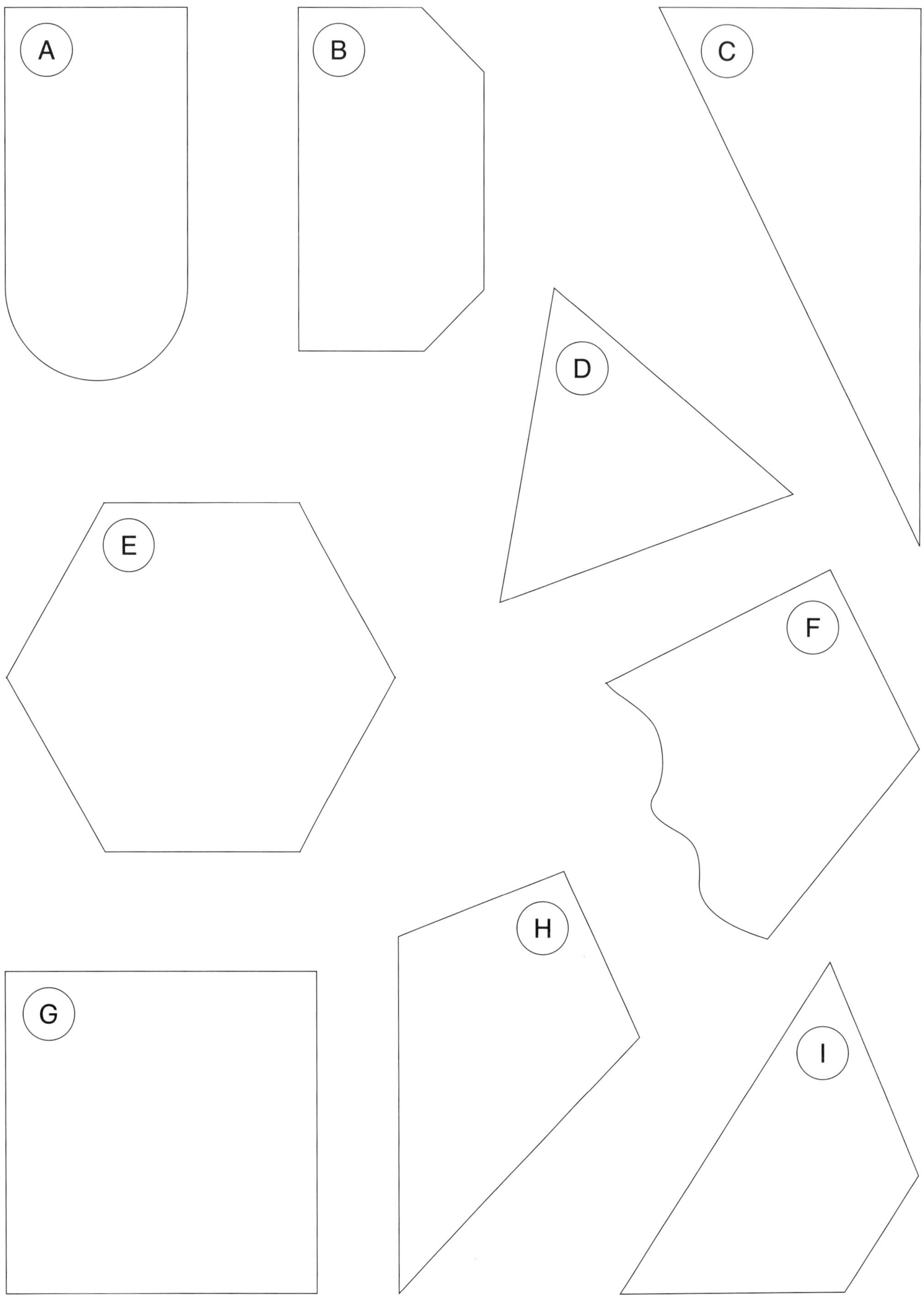

Mit dem Auge und dem Spiegel prüfen

1 Kreise alle Figuren ein, die symmetrisch sind.
Überprüfe deine Vermutungen mit einem Spiegel.

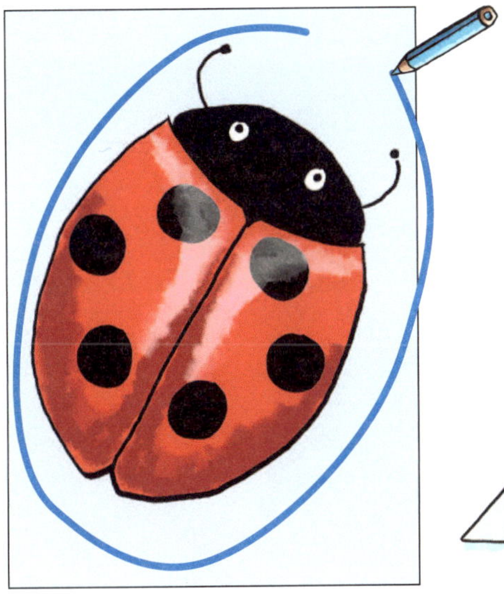

Mit dem Spiegel prüfen

1 Streiche alle Figuren durch, die nicht symmetrisch sind.
Tipp: Ein Spiegel kann dir beim genauen Überprüfen helfen.
Kreise die Stellen ein, die die Symmetrie stören.